7

LK 1667.

FRAGMENTS HISTORIQUES

SUR LES

PÈRES RÉCOLLETS

DE CASSEL

AVEC UN SOMMAIRE DE LEURS ARCHIVES

PAR

LE DOCTEUR P.-J.-E. DE SMYTTERE,

MÉDECIN EN CHEF DE L'ASILE DÉPARTEMENTAL D'ALIÉNÉES DE LILLE, MEMBRE DE LA COMMISSION HISTORIQUE DU NORD, ETC.

Membre correspondant.

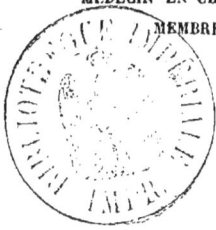

———

Vestalesque dabit, sacrificosque Numas.
M. DE VRIENDT.
(Eloge de Cassel).

———

EXTRAIT des Mémoires de la Société Dunkerquoise pour l'Encouragement des Sciences, des Lettres et des Arts. Volume VIII. 1862.

—————

DUNKERQUE.
TYPOGRAPHIE BENJAMIN KIEN, RUE NATIONALE, 26.
—
1862.

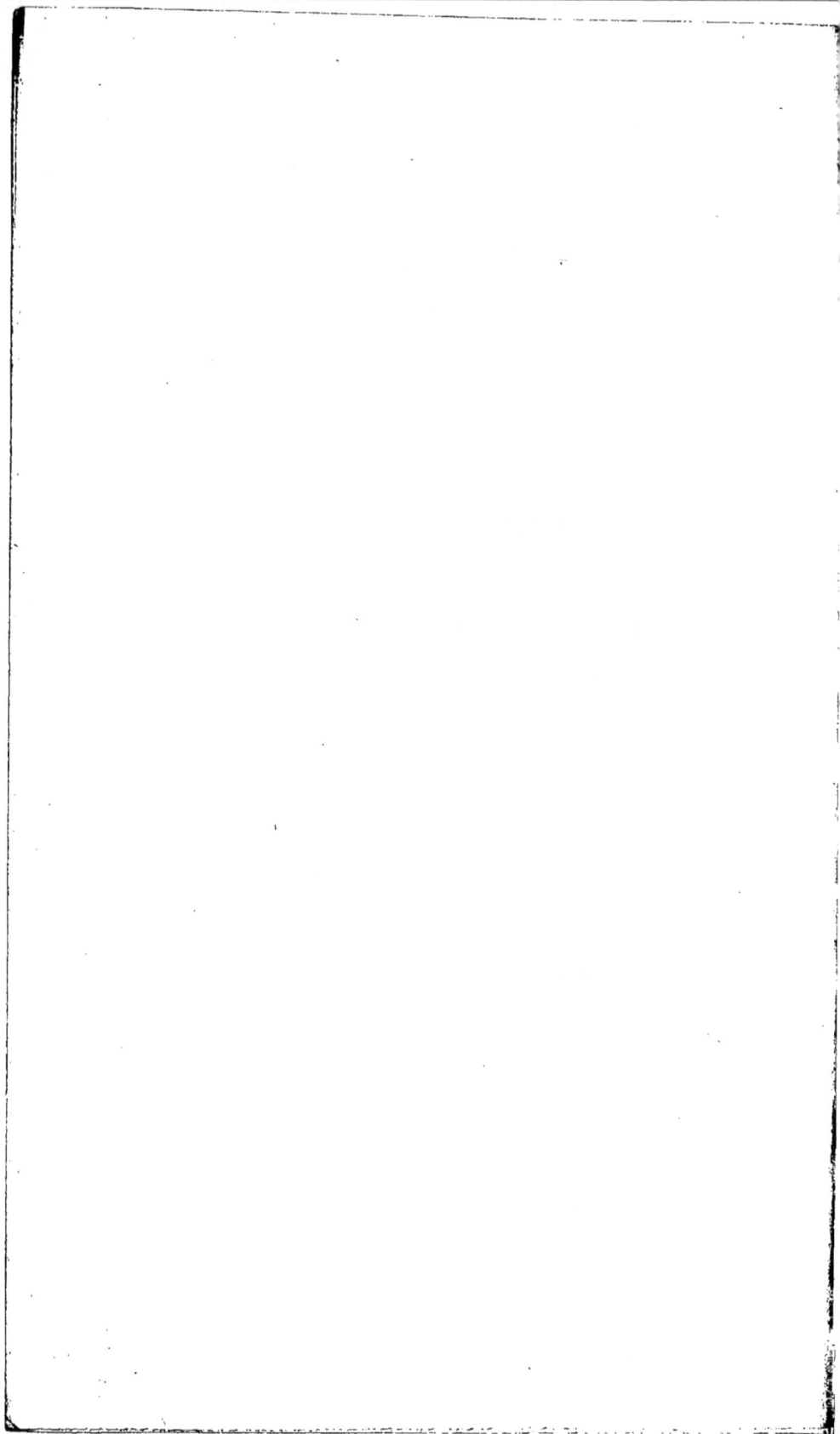

FRAGMENTS HISTORIQUES

SUR LES PÈRES RÉCOLLETS DE CASSEL,

AVEC UN SOMMAIRE DE LEURS ARCHIVES,

PAR LE DOCTEUR P.-J.-E. DE SMYTTERE,

Médecin en chef de l'Asile départemental d'Aliénées de Lille,

Membre de la Commission historique du Nord, etc.

Membre correspondant.

———

Investigatio restituet.

Dans son *Cameracum christianum*, M. le docteur A. Le Glay, à l'article des *Couvents de l'ordre de Saint-François d'Assise, du diocèse de Cambrai*, cite, en 6° lieu, les *Récollets de Cassel*.

Voici ce que ce savant historien en disait en 1849 :

« Les Récollets, ou Franciscains de l'étroite observance,
» vinrent aussi à Cassel vers l'an 1740. Ils établirent le
» siége de leur saint apostolat sur le lieu appelé *Mont
» des Vautours*, lieu parfaitement approprié aux pieuses
» méditations.

» La bienfaisance des habitants de Cassel, toujours
» prêts à favoriser libéralement et magnifiquement les
» institutions religieuses, leur a fourni les moyens de se
» construire une église et une résidence convenable. »

Comme cet auteur n'en dit pas davantage sur l'historique de ces religieux, nous croyons à propos de donner quelque extension à cette question qui intéresse particulièrement Cassel. Il nous est d'autant plus facile de le faire que, d'un côté, plusieurs documents trouvés dans des archives, d'un autre, des renseignements authentiques découverts par hasard, il y a peu de temps, nous permettent de rectifier des assertions et des erreurs populaires, que le temps pourrait à tort consolider.

Les frères franciscains de Cassel, connus sous le nom de R. P. P. *Récollets, recollecti* (1). Paeters, *Recollette Broeders van Cassel*, habitèrent, avant leur établissement en cette ville, le *mont* d'Escouffe ou des Vautours-lez-Cassel, appelé aussi, autrefois, *Wouwenberg* (2) ou Uwenberg (voir notes supplémentaires à la fin de ce travail). Ils avaient été précédés, bien antérieurement, par d'autres religieux.

Le mont d'Escouffe, presque conique, boisé et d'aspect sauvage, fut primitivement, et de temps immémorial, occupé par des Ermites (3), pendant long-temps il n'y en eut qu'un seul qui y fit sa demeure ; mais vers le XVI° siècle, plusieurs vinrent s'y établir. On trouve des traces de leur séjour, en communauté, dans ces beaux lieux si solitaires et si paisibles, dès l'année 1580 : ils avaient été autorisés à s'y réunir par les gouverneurs espagnols des Pays-Bas.

Le 3 Août 1613, ils présentèrent une requête à leurs

---

(1) *Récollets, frères mineurs* ou minoristes (par humilité), et appelés *Recollecti* (recueillis), parce qu'ils ont embrassé la règle de Saint-François avec plus de rigueur que d'autres pères franciscains.

Leur ordre, nombreux et respecté, quoique modeste, fut fondé en 1208 par St-François d'Assise.

(2) A l'époque où *Robert le Frison* devint comte de Flandre (1072), le moine *Gervin*, de Cassel, s'était rendu célèbre par son excessive austérité ; pendant 40 ans il s'abstint, pour ainsi dire, des choses les plus nécessaires de la vie ; il devint abbé de St-Winoc, à Bergues, et y rétablit la discipline.   (M. De Baecker).

(3) Ermite (du grec *Erémos*, désert), homme pieux qui vit dans la solitude.

Altesses illustrissimes *Albert et Isabelle,* en leur chambre des finances à Bruxelles, pour obtenir de nouveaux terrains (cinq cents d'héritage à joindre à leurs trois cents cédés dans ce bois, antérieurement), afin de subvenir aux besoins plus dispendieux que nécessitait l'augmentation des frères.

Les ermites étaient reconnus par le pape. Paul V^e, en conséquence des démarches, en leur nom, de leur supérieur, le père Antoine Jean, prestre résidant dans l'ermitage du mont, leur permet par un bref, en date de 1614 (7 Octobre), de suivre la règle de *St-Augustin,* et de vivre sous l'obéissance du général ou provincial de cet ordre, qui était alors le R. P. Nicolas *Stassart.* Le Saint-Père les exempte aussi de la juridiction de l'ordinaire ou épiscopale. Dans ce bref expédié de Rome, et encore conservé aujourd'hui, le pape les appelle les *Ermites du mont Vultur.* Ces frères Augustins, établis en congrégation, reçurent des dotations de princes d'Espagne, alors maîtres de ces contrées depuis Philippe Ier. Leur ermitage remarquable et leur chapelle étaient situés au versant Nord-Est de la montagne, près d'une vaste houblonnière et d'un ancien bâtiment que l'on appelait la *chambre de St-Roch* ou des pestiférés, *T'peste huys,* espèce d'hospice, destiné aux personnes des environs qui étaient atteintes de maladies contagieuses, fréquentes alors en Flandre.

Le V^d Père Vincent Cappout fut le premier prieur de ces religieux ermites, qui reçurent publiquement de lui (autorisé par le R. Père provincial), la ceinture de St-Augustin.

Peu de temps après, en 1619, ces mêmes frères, sur une nouvelle demande adressée à Sa Sainteté, passèrent, par un autre bref apostolique, dans l'ordre de St-François, et ils quittèrent, cette même année, le mont d'Escouffe pour aller faire leur noviciat à la province de Flandre (1).

(1) Les conditions qu'on mit à leur admission dans la province de

Les pères Récollets les y remplacèrent bientôt, et ils y bâtirent une église dès leur arrivée, en l'an 1620.

Les Récollets, religieux franciscains de Gand, de la province de St-Joseph, vinrent en 1622, selon les conditions acceptées ; ils prirent paisiblement possession de l'ermitage et des héritages destinés à la subsistance des ermites, ainsi que des meubles et ustensiles des anciens cénobites, et ils ne tardèrent pas à habiter en grand nombre cet emplacement situé au levant. Ils établirent leur couvent sur les restes de constructions en ruine.

Leur première église fut consacrée le dimanche qui suivit la fête de St-Jean-Baptiste, par *Antoine D'Henin*, évêque d'Ypres. Mais, comme elle n'avait pas été bâtie solidement, et comme les fondations surtout avaient été pratiquées dans le sol *sablonneux* et *mouvant* du mont (1), on fut obligé, en 1629, de la *réfectionner et quasi de la rétablir en entier*. L'église réédifiée fut consacrée par *George Chamberlin*, alors évêque du diocèse d'Ypres. On lisait au chœur : *Vigilate quia nescitis diem neque horam*, et sur le cadran de l'horloge : *unam time*. Les archives des Récollets disent que *St-Bonaventure* était le *patron et le titulaire du couvent*.

En 1622, le R. P. J. *de Gand* fut nommé le premier gardien des Récollets du mont d'Escouffle, par Sa Révérence le P. *Nicolas Danis*, provincial de tous les pères de la *recollection*.

St-François, pour y être instruits de la règle, comme les autres novices, fut l'abandon de tout ce que ces ermites possédaient au mont d'Escouffe.

(1) Voir la note, à la page dernière de cet écrit, concernant le terrain de cette montagne ou colline conique, qui toujours a été appelée *mont* comme celui de Cassel, et ceux qui sont situés près de Bailleul. Eu égard à la vaste plaine de ce pays bas, l'on a pu leur donner en tout temps cette dénomination, mais sans aucune *prétention ambitieuse*, comme l'a avancé récemment pour le mont-Cassel, M. V^r Derode, qui sait cependant respecter les traditions.

A cette époque, gouvernaient dans les provinces des Pays-Bas, *l'Archiduc Albert* et *l'infante Isabelle,* sa pieuse femme. Ceux-ci agréèrent et confirmèrent, par des lettres-patentes (1), ce qui avait été accordé antérieurement à ces religieux, c'est à dire le transport et la résiliation que les frères ermites avaient faits aux Récollets de tous leurs biens et de leur mobilier.

Ces princes encouragèrent l'entreprise des nouveaux pères et ils enrichirent même, par des dons particuliers, leur établissement qui devint bientôt prospère.

En 1627, l'infante Isabelle accorda et confirma aux Récollets la possession des cinq mesures de terre avec le bois qui y croissait, suivant la concession faite aux ermites augustins.

Les Récollets habitèrent ce lieu plus de 150 ans. Leur couvent, en grande partie fondé par *Messieurs de la cour de Cassel,* était situé sur le plateau du mont à son versant Nord-Est ; là existent des sources d'eau vive (2) qui servaient amplement aux besoins ordinaires de la congrégation. De tout cela il n'y a plus qu'un puits (3) et un fossé où les frères prenaient l'eau pour leur

---

(1) Ces lettres furent entérinées, selon leur forme et teneur, par le président et les gens de la chambre des comptes du Roi à Lille, et de leur consentement, enregistrées au registre des Chartres, Mars 1623, p. LXXI.

(2) Ces sources précieuses, presque au sommet du mont des Récollets comme celles qui existent en abondance au haut du mont Cassel, et les sources des montagnes voisines (dont une des couches supérieures est aussi de l'argile), sont indubitablement alimentées par des communications souterraines avec des eaux de pays plus ou moins éloignés.

(3) La source de ce puits sert à présent à la manufacture de briques, au bas de la montagne ; l'eau y arrive abondamment au moyen d'une pompe, et de conduits ingénieusement placés, par le propriétaire actuel, M. Grondel-Samson, qui sait tirer parti de tous les avantages de cette localité charmante et productive.

brasserie ; le puits assez profond, en maçonnerie, que l'on vient de découvrir et qui était comblé de gravois, tenait au terrain (1) des Récollets et servait sans doute pour leurs besoins les plus délicats, à cause de l'excellence de ses eaux.

En 1678, le roi Louis XIV, ayant acquis une partie de la Flandre occidentale, qui lui fut dévolue par le traité de paix de Nimègue (peu après la célèbre bataille de Peene ou du val de Cassel, 11 Avril 1677), donna ordre, par lettres patentes de 1679, au révérendissime père *Germain Allard*, commissaire-général des Récollets, par toute la France, de prendre possession du couvent des frères du mont d'Escouffe. Les pères franciscains de Flandre cédèrent leur couvent et ils en sortirent le 29 Novembre de cette année, pour se rendre dans leur province de St-Joseph. Dès lors, ce furent les P. P. Récollets de la province de *St-Antoine de Pade* ou *Padoue* d'Artois, qui en prirent possession et qui l'habitèrent définitivement, à partir du 23 Mai 1680.

Le Roi avait confirmé, par des lettres patentes, le 2 Mars de cette année, la distribution et les règlements des deux provinces *St-Antoine* et *St-André* de la France septentrionale.

Le 4 Mai de la même année 1680, le Révérend père Joseph *Ximenès Saminego* avait autorisé, par un décret donné à Paris, la prise de possession de ce couvent du mont d'Escouffe.

Le V. P. R. *de Noyel* fut le premier supérieur de ce couvent des Récollets français.

Nous donnons plus loin le nom des P. Récollets gardiens ou supérieurs de cet établissement, soit antérieurement à l'époque où le roi Louis XIV fit la conquête de la Flandre

---

(1) Toute la montagne n'a jamais été aux Récollets, car le *terrier de Quaelstraete* indique que leur propriété, au 30 Juin 1775, était de 8 *gr. 2 v. 4 1/2, v.* Ce qui équivaut à 3 *hectares 1 are.*

maritime, soit depuis qu'il ordonna, par ses lettres patentes, que les couvents des Récollets de *Dunkerque, Cassel, Gravelines, St-Omer et Cambrai,* fussent unis pour toujours à la province de St-Antoine.

Ces bons pères, dont nous ne donnons ici qu'un court et premier souvenir, vécurent au mont des Vautours, comme à Cassel, de quêtes et des libéralités que leur faisaient les habitants de la ville et de la campagne. Ils avaient des jours fixes pour s'y rendre, comme dans les paroisses voisines, et pour y demander, pour leurs besoins, divers objets tels que *pain, viande salée, beurre, grains, filet, laine, chandelles, cire, huile d'olive, bois, sel, fumier, papier, etc.* Quant aux nobles de la Cour de Cassel, ils furent en tout temps les bienfaiteurs en première ligne de ces frères, *Broeders ende Paeters.* A eux s'adressaient les principales suppliques dans les grandes occasions.

Faisons observer que quelques-uns des Récollets arrivèrent à Cassel, de la montagne voisine, en 1778. Le Magistrat de Cassel et la Cour les y appelèrent après le départ des pères Jésuites.

L'arrêt de Louis XV, qui autorisa cette translation, est du 9 Décembre 1779 ; nous en donnons une copie à la fin de cet opuscule. Ces lettres-patentes sont du 2 Janvier 1780.

On sait qu'en 1764, aux termes d'un arrêt du Parlement de Paris et par ordre du roi, tous les Jésuites du royaume furent expulsés de leurs colléges. Les biens de ceux de Cassel furent annexés au collége de Bailleul, auquel celui de Cassel fut joint.

Les pères Récollets les remplacèrent à leur couvent. Comme eux, ces religieux zélés y furent chargés d'une pédagogie pour l'instruction de la jeunesse, et de missions de piété telles que prédications, etc., à Cassel et dans les environs. Le 18 Mars 1770, les Récollets chantèrent pour la première fois le salut dans l'église des ci-devant pères.

En Février et Mars 1774, on démolit le couvent et l'église des Récollets au mont d'Escouffe (in monte vulturum).

Les briques de cet établissement servirent, l'année suivante, aux fondations de la prison de Cassel, qui fut bâtie sur la nouvelle place, d'après M. l'abbé Daman qui dit : T'nieuw gebouw op de nieuwe marckt is lang 65 gemeene stappen. Alle de bryken van het Recollette clooster zyn gegaen in de fondamenten van dit gebouw, dewelke zeer diep en dik zyn (1).

Les Récollets vivaient paisiblement dans leur nouvelle demeure, et ils s'y rendaient fort utiles de beaucoup de manières ; mais les jours néfastes se levèrent aussi pour ces frères. La révolution française les fit fuir (2). Tout prouve qu'ils quittèrent leur couvent de Cassel le 22 Novembre 1792, pendant la nuit, à l'insu des habitants de cette ville : leur registre des comptes, recettes et dépenses, très-bien tenu, est arrêté à ce jour par le P. René, en présence du V. père Gardien et de toute la communauté. (Nous donnons plus loin un petit extrait de ce livre d'ordre). Leur départ a dû être précipité ; car ces religieux, nous a-t-il été dit, descendirent silencieusement leurs archives par-dessus le mur de leur jardin, et ils les déposèrent avec les ornements d'église et des vases bénits,

---

(1) Extrait du journal manuscrit du chanoine Daman, de Cassel.

Ce respectable prêtre, qui prenait note du moindre événement, après avoir joui d'un canonicat à Notre-Dame, prit possession de la prébende de *Requiem* de la collégiale de St-Pierre de Cassel, le 20 Juin 1753.

(2) « La constitution civile du clergé, décrétée par l'Assemblée » nationale, ayant porté atteinte aux droits de l'église, la plupart des » ecclésiastiques refusèrent, on le sait, d'y souscrire, et durent bientôt » sortir du territoire français, à la suite d'un décret de bannissement » prononcé contre eux par le gouvernement de l'époque.

» La plupart de ceux qui étaient des provinces du Nord passèrent » dans les Pays-Bas autrichiens, etc. (M. A. Bonvarlet : *Etat officiel* » *de l'émigration du clergé français*).

chez des personnes voisines de leur enclos, dont ils connaissaient les bons principes et la loyauté : ce fut la famille de M. De Handschouwercher, notaire, qui les recueillit. Plusieurs des reliques rares et précieuses des frères(dont quelques-unes étaient des présents faits par des rois), et des vases sacrés, furent donnés à l'église Notre-Dame; celles qui ont pu échapper au pillage révolutionnaire (1), s'y voient encore en bon état, surtout *le reliquaire de la Ste-Croix*, en argent, dont l'authentique est conservé.

Quant aux archives, elles nous furent communiquées par MM. De Handschouwercher fils ; il a fallu les ranger, les classer et les déchiffrer ; c'est le résultat de ces recherches que nous donnons ici en résumé, en y ajoutant le sommaire d'autres documents trouvés ailleurs.

Ce qu'il y a surtout de curieux dans ces archives, ce sont près de quarante pièces, soit en parchemin, soit en papier, manuscrites ou autres, et souvent avec scels (2), qui résument les diverses époques remarquables de l'existence de ces frères de Cassel : *des bulles de papes, des édits royaux, des priviléges, des dispenses et indulgences, des autorisations ou authentiques* pour reliques, etc., se trouvèrent pêle-mêle dans la liasse qui nous fut confiée. Leur point de départ date du commencement du XVII⁰ siècle, et ces écrits vont jusqu'à la fin du XVIII⁰, c'est à dire jusqu'à l'époque du départ définitif des R. Pères, provoqué exclusivement par les troubles politiques.

Nous donnons ici l'énumération des principales pièces

---

(1) Depuis la Révolution, leur église a servi de dépôt de fourrages au général Vandamme, qui l'avait achetée à un sieur Forcade, et enfin elle a été acquise par la famille Morel. Cette église fut donnée, il y a peu d'années, à la ville pour une œuvre pie, grâce à la bienfaisance de Mlle Cde Morel. Les frères de la Doctrine Chrétienne l'ocupent à présent, et ils y ont leurs écoles au grand contentement de l'administration communale.

(2) Voir notre *Notice historique sur les armoiries, scels et bannières de Cassel et de sa châtellenie,* avec planches, qui vient d'être publiée.

concernant les frères Récollets, que nous avons pu consulter. Avant tout, nous ferons remarquer que M. le docteur A. Le Glay, président de la Commission historique du Nord, a dit dernièrement (1) : « que les *capucins de Cassel* » n'ont pas laissé d'archives, en ajoutant que cette » maison, comme tant d'autres de cette espèce, n'avait pas » besoin de coffre-fort, ni de trésors de chartes. »

Constatons qu'il n'y a jamais eu de capucins à Cassel, mais à Bailleul ; c'est sans doute des pères *Récollets* que notre vénérable collègue a voulu parler ; ceux-ci avaient leurs archives. C'est de ces documents, délaissés lors de leur départ, que nous allons nous occuper en résumant leur contenu.

SOMMAIRES DES CHARTES ET AUTRES DOCUMENTS RELATIFS AUX RÉCOLLETS DE CASSEL.

1614. 7 Octobre. — Bulle du pape Paul V, qui permet aux Ermites du *Mont Vultur* (mont des Vautours) (2), sur la demande d'Antoine Jouan, leur supérieur, de suivre la règle de St-Augustin, et les exempte de la juridiction épiscopale.

Idem sur parchemin.

1621. 22 Mars. — Copie d'une bulle de Grégoire XV qui accorde à tous les couvents de l'ordre de St-François l'autorisation de célébrer l'office du bienheureux Paschal Baylon (22 Mars 1621). — Office pour la fête du bienheureux Paschal, confesseur de la foi (célébration le 17 Mai).

1622. 4 Juillet. — Copie pour la province de St-Joseph, dans le comté de Flandre, d'une bulle du pape Grégoire XV,

(1) Bulletin de la Commission historique du Nord. Tome VI, première partie, page 57, 1861.

(2) Voir pour l'origine de ce nom, aux notes supplémentaires, p. 52

qui étend à toutes les églises de l'ordre de St-François l'indulgence plénière de la Portiuncule.

1627. — Pièce imprimée. — Extrait d'un indult par lequel le pape Urbain VIII accorde aux religieux de St-François et à ceux de la Société de Jésus la faculté de célébrer l'office de 26 martyrs morts au Japon (1627). Noms de ces martyrs (23 pour l'ordre de St-François, 3 pour la Compagnie de Jésus).

1634. 20 Septembre. — Récollets de Cassel. Bulle d'Urbain VIII, qui attache pour 7 années une indulgence plénière à l'office du second jour de la fête de Pâques.

1636. — Bulle du pape Urbain VIII, privilégeant l'autel de la Vierge Marie dans l'église des Récollets de Cassel.

Quatre pièces relatives aux Récollets de Cassel:

1° Bulle d'Urbain VIII portant privilége d'indulgences pour l'autel de la Vierge Marie dans l'église des Récollets de Cassel (1636). Copie de la pièce précédente.

2° Bulle d'Urbain VIII qui attache pour 7 années une indulgence plénière à la célébration de la fête de St-Joseph (1634).

3° Bulle d'Urbain VIII qui attache pour 7 années une indulgence plénière à la célébration de la fête de Pâques (1634).

4° Bulle d'Urbain VIII qui attache pour 7 années une indulgence plénière à la récitation des prières des quarante heures (1634).

1639. 2 Janvier.—Récollets de Cassel. Lettre écrite le 2 Janvier 1639, par le R. P. Pierre Marchant, provincial, au R. P. Charles Vanderhaghen, alors gardien du couvent de Cassel, au sujet des indulgences attachées aux fêtes des Martyrs de l'ordre. On lit en post-scriptum. :

De Brizaco non nisi lamentabilia, quod franci dicuntur occupasse. T. XVII Décembre 1638.

1641. — Récollets de la province de St-Joseph dans le comté de Flandre.—Bulle d'Urbain VIII qui attache pour 7 années une indulgence plénière à la célébration de la fête de St-Joseph (1641). Copie authentique par l'évêque d'Ypres.

1642. — Bref d'Urbain VIII donné près de St-Pierre, le 21 Janvier 1642, aux Récollets de Cassel, accordant indulgence plénière à tous les fidèles qui visiteront leur église le lundi de Pâques. Valable pour 7 ans seulement. —Visa de l'évêque d'Ypres, 14 Mars 1642.

1647. 30 Janvier.—Récollets de Cassel. Bulle du pape Innocent X qui attache, pour 7 années, une indulgence plénière à la récitation des prières des quarante heures.

1652 19 Janvier. — Bref d'Innocent X, donné près de Ste-Marie Majeure, aux Récollets de Cassel, accordant indulgence plénière à tous les fidèles qui assisteront, confessés et communiés, aux 40 messes qui se font chaque année dans leur communauté. Valable pour 7 années seulement.

1658. — Bref d'Alexandre VII, donné près de St-Pierre, 15 Avril 1658, accordant aux Récollets de Cassel que le grand autel de leur chapelle fut *privilégié* pour les défunts, pourvu qu'on y célèbre chaque jour 7 messes. Valable pour 7 années seulement.

Récollets de Cassel. Bulle du pape Alexandre VII qui attache une indulgence plénière à la célébration de la fête de Pâques (15 Avril 1658).

1664. — Bref d'Alexandre VII, donné près de Ste-Marie Majeure, 5 Janvier 1664. — Même objet.

Visa de l'évêché d'Ypres, 24 Janvier 1665.

1665. — Bulle du pape Alexandre VII qui attache des indulgences à la récitation de l'office de l'Immaculée Conception dans toutes églises et abbayes de la province de Belgique et du comté de Bourgogne (Octobre 1665).

1666. Octobre. — Récollets de Cassel. Bulle du pape Alexandre VII, en vertu de laquelle l'autel de la bienheureuse vierge Marie est privilégié pour 7 années.

1666. — Décret de Martin Prats, évêque d'Ypres, autorisant les Récollets de Cassel à établir chez eux une confrérie de l'Immaculée Conception, et reconnaissant des indulgences plénières à elle concédées par bulles apostoliques S : 1° au jour de l'entrée dans la confrérie ; 2° le jour de la fête de la Conception ; 3° tous les samedis de l'année. 26 Novembre 1666.

1675. 27 Juillet. — Bulle du pape Clément X qui accorde une indulgence plénière à tous les fidèles qui visiteront les églises des Frères Mineurs pendant la tenue du chapitre général de l'ordre.

1679. 29 Novembre.—Lettre du Roi qui unit le couvent des Récollets de Cassel à la province de St-Antoine en Artois. — Copie visa du définiteur. (Extrait du livre de la province des Récollets de St-Omer en Artois).

Copie des ordres susdits du roi Louis XIV, extrait du livre de la province des Récollets de St-Antoine en Artois, 2 Janvier 1679, et copie du décret du R^me père commissaire-général (17 Février 1680).—Voir aux pièces justificatives.

1680. 4 Mai. — Décret du frère Joseph-Ximenès Saminiego, ministre général de l'ordre des Frères Mineurs, qui désigne les maisons de cet ordre comptant les provinces belges de St-André et St-Antoine.

1682. 24 Juillet.—Monitoire adressé à tous les religieux de l'ordre des Frères Mineurs, par le frère Pierre-Marin Sormann, ministre général. Pièce imprimée.

Même monitoire que précédemment (copie manuscrite).

1684. Septembre.—Lettre de convocation adressée aux religieux de l'ordre des Frères Mineurs, pour la tenue d'un chapitre général, par le frère Pierre-Marin Sormaun, ministre général.

8 Mai 1694. — Lettre adressée par le provincial des Récollets de Paris, définiteur général de tout l'ordre de St-François, au P. Hyacinthe Lefebvre, premier père de la province des Récollets de St-Antoine en Artois, député près du chapitre général de Vittoria, en Espagne, pour le prier de veiller à ce qu'aucune intervention ne soit apportée dans le gouvernement de ladite province de St-Antoine.

1697. 22 Octobre. — Lettre d'exhortation adressée aux religieux de l'ordre de St-François, par le frère Mathieu de St-Etienne, élu ministre général à la place de frère Bonaventure Poérius, nommé archevêque de Salerne.

1712. 9 Juillet.—Bulle du pape Clément XI qui décrète que la bienheureuse Catherine de Bologne, vierge de l'ordre de Ste-Claire, sera portée au catalogue des saintes.

1723. 18 Mars. — Bulle du pape Innocent XIII, qui accorde une indulgence plénière à l'occasion de la tenue du chapitre général de l'ordre de St-François.

1725. 18 Juillet. — Lettre du frère Laurent de St-Laurent, ministre général de l'ordre de St-François, aux Récollets de la province de St-Antoine en Artois, pour la propagation du chapitre de cette province.

Décret qui déclare que l'indulgence plénière de la fête de St-François d'Assise reste valable pendant le jubilé. Même année 1725.

Décret de N. S. P. le Pape autorisant l'indulgence plénière de la fête de la Conception dans toutes les églises des Frères Mineurs, malgré le Jubilé qui fait cesser toutes les indulgences (28 Septembre 1725).—Visa du notaire de l'archevêché de Cambray.

1725. — Constitution du Pape Benoît XIII qui confirme, renouvelle et étend les priviléges accordés par le S. Siége à l'ordre des Frères Prêcheurs.

1726. — Récollets de Cassel. Décret du Pape Benoît XIII accordant de nouveaux priviléges à l'autel de la bienheureuse Vierge Marie, déjà privilégié par le Pape Urbain VIII.

1727. — Décret de Benoît XIII pour la célébration de l'office de St-François Solano et de celui de Jacques de la Marche.

—Bulle de Benoît XIII portant canonisation de François Solano de l'ordre des Frères Mineurs. 1727.

—Lettres du frère Mathieu de Sareta, ministre général de l'ordre des Frères Mineurs, à l'occasion des indulgences attachées aux fêtes de St-François Solano et de Jacques de la Marche. — Même année 1727.

1739. 6 Août. — Lettres authentiques délivrées au P. Pierre Achte, jésuite, par le cardinal Guadagni, titulaire de St-Martin des Monts, vicaire du Pape Clément XII Corsini, en lui remettant des reliques du bienheureux Jean de Prats.

Visa de l'évêque d'Ypres (13 Février 1743).

1742. Mai. — Autorisation d'exposer à la vénération publique les reliques de St-Pascal Baylon de l'ordre des Frères Mineurs.

1750. — Bulle du Jubilé de l'année 1750 pour le diocèse d'Ypres. Imprimé (Benoît Pape) donné à Rome. Signé *D. cardinal Passioneus*.

1769. — Arrêt qui autorise la translation des Récollets d'Ecouffe en la ville de Cassel, dans la maison anciennement occupée par les jésuites.

La copie de cet extrait des registres du conseil d'Etat du roi est donnée plus loin.

Cet arrêt est du 9 Décembre 1769 et daté de Versailles

1770. — Lettres-patentes dudit arrêt du roi, du 10 Janvier 1770, aussi signé Louis, et plus bas, pour le roi, le *duc de Choiseul*, et scellé d'un scel de cire jaune.

Extrait des registres de la cour du parlement.

La cour ordonne que lesdites lettres-patentes seront enregistrées. — Douai, 22 Mars 1770.

— Arrangements présentés à Monseigneur l'Évesque d'Ypres (Félix-Joseph *de Wavrans*), par les nobles vassaux et hommes de fief de la cour, ville et châtellenie de Cassel, relativement aux services à rendre par les pères Récollets, transférés du Mont d'Escouffe en la ville de Cassel, en conséquence de l'arrest du conseil et lettres-patentes enregistrées au parlement de Flandre.

Il y est dit en tête des articles :

1° La communauté sera composée de vingt religieux, dont les deux tiers, au moins, seront Flamands, et de cinq frères.

2° Ils entendront la confession dans leur église, visiteront les malades, et rendront aux habitants de la ville tous les secours et services qu'on pourra exiger d'eux.

3° Ils donneront la méditation en carême deux fois la semaine, dans l'église paroissiale de Notre-Dame, à l'heure qui conviendra le mieux aux sieurs curés et habitants, etc.

Ces arrangements furent approuvés par l'évêque d'Ypres, le 5 Juin 1770.

Avec ces écrits intéressants se trouvent des notes historiques sur les Frères Récollets et sur leur maison, en plusieurs petits cahiers où nous avons puisé des renseignements exacts et inconnus.

1° L'un d'eux est intitulé : *Extrait des archives de la province de St-Joseph pour servir de mémoire au sujet de l'église du couvent de Cassel*. Il y est dit : « L'église » de nostre couvent a été bastie, aussi bien que le couvent, par les libéralités de l'*archiduc Albert, d'Isa-* » *belle-Claire-Eugénie*, et de Messieurs de la cour de » Cassel, qui en sont les fondateurs ».

2° Un cahier commençant ainsi :

Au nom de nostre Seigneur J.-C. Remarques sur l'établissement des Récollets sur le Mont d'Escouffe ou des Vautours-lez-Cassel, etc.

3° Le cahier de la translation des Récollets du Mont d'Escouffe à Cassel, dans lequel d'étranges spoliations sont signalées.

4° Un cahier intitulé : *Archives du Couvent des Récollets de Cassel.* Il contient aussi des détails fort curieux et trop longs pour être reproduits dans une simple notice. Dans ce manuscrit se trouvent de même des plaintes des bons pères sur certaines injustices que nous voulons taire.

5° Un recueil de mémoires ou modèles de placets, requêtes et compliments qu'on présente à MM. de la cour de Cassel et à MM. les Magistrats. Ces écrits, reproduits à des époques régulières, sont d'un style fort original; ils méritent d'être un jour livrés au public à cause de leur singulière naïveté, etc.

6° *Livre des Comptes des R. PP. Récollets de Cassel,* dont voici un extrait qui prouve l'ordre apporté dans les affaires de cette maison :

— *Débours* (au verso ou page de gauche).

	Florins.	Pâtards.	Liards.
Payés à M. le curé de Blaucappel la rétribution de 30 messes	15	»	»
Payés pour le P. René	»	16	»
Payés pour besoins divers. . . .	2	4	»
Payés à J *** pour parfait payement .	9	3	2
Pour une messe chantée	4	»	»

etc., etc.

— *Recettes* (à la page de droite).

	Florins.	Pâtards.	Liard.
Reçu pour un service, de M. Kien. .	2	8	»
Reçu pour 9 messes, de M. Schoubeque.	5	8	»
Reçu pour les soins du P. René . .	6	»	»

	Florins.	Pâtards.	Liards.
Reçu de la paroisse d'Arnèke . . .	6	»	»
Reçu de M. De Smyttere, hofdman .	4	»	»
Reçu à l'occasion de St-Médard . .	1	4	2
Reçu de M. De Mersseman . . .	9	12	»

A la fin du registre il y a : *ce jourd'hui 22 Septembre 1792, j'ai rendu les comptes de la maison, en présence du R. Père gardien et toute la communauté.*

La maison doit faire décharge de 1,175 messes.

NOMS DES PÈRES RÉCOLLETS QUI ONT ÉTÉ SUPÉRIEURS-GARDIENS DU COUVENT DE CASSEL,

ET DE CELUI DU MONT DES VAUTOURS OU D'ESCOUFFE, DEPUIS 1609, ÉPOQUE DU DÉPART DES FRÈRES AUGUSTINS,

ERMITES DE CETTE LOCALITÉ.

1° Pères Gardiens de Flandre de l'ordre de St-François-d'Assise.

1622. Le Vénérand Père Jacques de Gand fut premier gardien du couvent (1). Il y fut établi par le très R. P. Nicolas Danis, provincial général, après y avoir été nommé d'abord président.

1625. Le V^d P. André de Hainault (2).

---

(1) Voici un fragment de discours que le père Gardien prononça devant Messieurs de la Cour de Cassel, lors de la prise de possession du gardianat :

Levavi oculos meos in monte, unde veniet auxilium mihi.

J'ai élevé les yeux lorsque je suis arrivé sur la montagne et je me suis écrié : D'où me viendra du secours dans ce desert; mes inquiétudes et mes peines, Messieurs, se sont aussitôt calmées et dissipées lorsque j'ai réfléchi sur la puissante protection de vos illustres personnes, etc.

(2) Nous donnons très-volontiers cette liste, rédigée par nous, parce que les noms de ces pères appartiennent, pour la plupart, à des famille de la Flandre occidentale ou maritime.

1628. Le V^d P. Pierre Vande Ovhere.
1629. Le V^d P. François Arnould.
1632. Le V^d P. François Coronius.
1635. Le V^d P. Chrestien Ellieul.
1638. Le V^d P. Charles Vanderstage.
1640. Le V^a P. Hiacinthe Blomme.
1641. Le V^d P. Laurent de Souttez.
1644. Le V^d P. Jean Campestran de Lannoy.
1647. Le V^d P. Isidore Neufville.
1650. Le V^d P. Dominique Vanghemert.
1653. Le V^d P. Bonaventure Beke.
1656. Le V^d P. André Meybere.
1658. Le V^d P. Liévin Palinch.
1660. Le V^d P. Constantin Coene.
1663. Le V^d P. Laurent de Scheppre.
1665. Le V^d P. Servat Brilleman (1).
1666. Le V^d P. Crisogonne Van Baese.
1669. Le V^d P. Raymond Gheysen.
1672. Le V^d P. Marianus Vandervoorde.
1675. Le V^d P. Raymundns Gheisen.
1678. Le V^d P. M. Moudet.

2º Pères Récollets de France, de l'ordre de St-Antoine de Pade, promus au gardianat de Cassel.

1680. Le V^d P. Réginald de Noyel (décédé peu après).
1681. Le V^d P. Albert le Borgne.
1683. Le V^d P. Bernardin Gilson.
1685. Le V^d P. Pierre-Baptiste Gilson (son frère).
1688. Le V^d P. Vulgan Toursel.
1689. Le V^d P. Antonin Pottier.
1691. Le V^d P. Rupart Baudouin.
1692. Le P^d P. Albert le Borgne (2e fois).
1694. Le V^d P. Chrestien Leclercq.

(1) Décédé avant l'expiration de son triennat (trois ans), que les rères appelaient *triennc*.

1695. Le V^d P. François Bateman.

1697. Le V^d P. George Hanel.

1699. Le V^d P. Aubert Legrand.

1702. Le V^d P. François Bateman (2e fois).

1705. Le V^d P. Vulgan Toursel (2e fois).

1708. Le V^d P. Fidèle Wimille (5 ans).

1713. Le V^d P. Norbert de Blieck.

1715. Le V^d P. Victor Lefebure.

1717. Le V^d P. Hiérome Courcol.

1719. Le V^d P. Bernardin de Bados.

1722. Le V^d P. Séraphin Henry.

1725. Le V^d P. François Delevacque.

1728. Le V^d P. Robert Violette.

1731. Le V^d P. Simon Delmotte.

1732. Le V^d P. Macaire Delattre (1).

1734. Le V^d P. Jérosme Courcol (2e fois).

1737. Le V^d P. Hyacinthe de Lay.

1739. Le V^d P. Accurse Danis.

1742. Le V^d P. Winoc Ancheel.

1745. Le V^d P. Anastase Tubrise.

1748. Le V^d P. Chrisanthe de Robespierre (2).

1749. Le V^d P. Edouard Sauvé.

1752. Le V^d P. Norbert de la Rüe.

1755. Le V^d P. Bertulphe Ducatel.

1757. Le V^d P. Jacques Caffein.

Ici se trouve une lacune dans la liste chronologique des P. Récollets-gardiens. Toutefois, par la signature de certains placets adressés à *Messieurs de la cour de Cassel*, pour aumônes de diverses espèces (telles que poisson salé de carême, objets de vestiaire, gratifications pour prix à distribuer à leurs élèves, etc.), nous pouvons avancer

(1) Ce R. P. fut nommé, l'année suivante, gardien des Récollets de Dunkerque, et remplacé au gardianat de Cassel par le P. Delattre, de Dunkerque, par échange.

(2) Nommé définiteur 9 mois après.

qu'en 1781, le Père *Bertin Caûche* était gardien du couvent. D'après le calendrier général du gouvernement de Flandre, il l'était encore l'année suivante.

En 1782, le supérieur s'intitulait Père Préfet de la Pédagogie de Cassel, *sans nom*.

En 1786, le P. Robert *Allo* était gardien (1). Aux comptes du couvent, en juillet 1788, il signait encore avec ce titre (2).

Le 1er Juillet 1792, c'est le R. P. *Allo* qui rend ses comptes comme *économe*, en présence de toute la communauté.

Le nom du dernier P. gardien n'a pu être retrouvé jusqu'à présent, car le compte du 22 Septembre 1792 n'a pas été signé.

Des recherches sérieuses ont été faites de notre part, mais en vain, pour pouvoir compléter cette série de noms d'hommes recommandables par les services qu'ils ont rendus et par leurs vertus.

COPIE DES ORDRES DU ROY LOUIS XIV, EXTRAICT DU LIVRE DE LA PROVINCE DES RÉCOLLETS DE SAINCT-ANTOINE EN ARTHOIS.

De par le Roy.

Cher et bien amé par le traité de paix fait et conclu en nostre nom et entre nous et nostre cher et très aymé frere le roy Catholique le dix-septiesme de septembre de l'année dernière, 1678, plusieurs villes et places nous ayantes estez cedez es païs bas, dans lesquelles et leurs dépendances bon nombre de couvents de l'ordre de St-François se trouvent situez, et considérant qu'il est du bien de nostre service, et de la discipline régulière dudit ordre de faire que lesdits couvents respondent et soient doresnavant des provinces de celles de nostre obéissance

---

(1) A cette époque de 1786, le P. Maur *Pillaert* était *vicaire*, et le F. René Montagne était *discret*.

(2) Il devint définiteur en Octobre 1788.

qui leurs conviennent le mieux. Nous vous faisons cette lettre pour vous dire que nostre intention est que vous ayez a donner les ordres necessaires pour affecter à la province de St-Antoine en Arthois le couvent des Recollets d'Arras avec l'hospice qui est dans la citadelle. Les couvents de Bapaulme, de Lens, de Bethune, du Biez, d'Hesdin, Valentin, les hospices de Pernes, de la Bassée et de la citadelle de Dunkerque, qui sont de ladite province de St-Antoine. Les couvents de Cambray et chasteau Cambresie qui estoient cy devant de la province de St-André, le grand couvent de Dunkerque et celuy de Gravelines, qui ont cy devant estez tirez de la prouince de St-Joseph et affectez a la crestodie de la Ste-Famille. Le couvent de St-Omer de la province de Flandres et celuy de Cassel, qui a tousiours esté de la prouince de St-Joseph. Ensemble tous les monastères de religieuses dudit ordre compris dans le district des susdits couvents, pour doresnavant les religieux et religieuses desdits couvents et monastères estre censez et reputez de laditte prouince de St-Antoine. Vous recommandant d'en joindre bien expressement ausdits religieux et religieuses de reconnoitre le provincial de ladite prouince de St-Antoine et d'obeir a ses ordres, conformément aux statuts et constitutions dudit ordre de St-François, a quoy vons aurey soigneusement la main, et nous donnerez compte de ce que vous aurez fait en execution de ce que nous désirons de vous en cette occasion, et nous assurant que vous satisferez, nous ne vous ferons la présente plus longue ny plus expresse, ny faite dont faute car tel est nostre plaisir donné à St-Germain en Laye le 29me jour de Novembre 1679, signé LOUIS, et plus bas le Tellier, et scellé du petit sceau de Sa Majesté, et sur le replis est escrit : A nostre cher et bien amé le père Germain Allart commissaire génal de l'ordre de St-François en nostre royaume.

P... LAMBOLI, vicre proval des F. Recolletz d'Artois.

Par ordre du R. P. vicaire proval,

F. JEAN-FRANÇOIS GONNDT, secrétaire proval.

COPPIE DU DECRET DU R^{ssime} PERE COMMISSAIRE GÉNÉRAL
DU LIURE DE LA SUSDITE PROUINCE D'ARTHOIS.

Fremain Germain Allart commissaire gén^{al} de l'ordre de St-François dans le royaume de France, à tous ceux qu'il appartiendra de prendre cognoissance du present decret, Salut en nostre Seigneur.

LE ROY TRÈS CHRESTIEN ayant eu la gloire de reta blir une paix heureuse et solide dans toute la chrestienté, et plus particulièrement entre les deux royaumes de la France et de l'Espagne, SA MAJESTÉ a fait voir qu'elle n'a rien plus a cœur que de rendre aux maisons religieuses de ses conquestes dans le pays bas, ce que la guerre pourroit leurs avoir osté de repos et de regularité. POUR cest effet comme elle a esté bien informée que celle de l'ordre de St-François ne cede rien a toutes les autres de la mesme contrée, ny pour le nombre dycelle, et des religieux qui les occupent, ny pour leur zèle a édifier et seruir l'esglise par leurs bons exemples et par les assistences spirituelles quils rendent au publique. SADITE MAJESTÉ a bien voulu leurs faire sentir les premiers fruits de ses soins charitables, a de sa protection royale, a nous donnant a entendre par ses lettres du 29me Novembre 1679 que son intention estoit que nous eussions a mettre toutes les maisons, couuents et monastères de nostre ordre, qui sont de ce costé la, sous la conduite et jurisdiction des deux provinces desja esrigées dans le mesme pays en la maniere suiuante attribuant a la province de St-André les couuents des Recolletz de Douay, de Valenciennes, de l'hermitage de Mormal, d'Hestere, et de Bauay qui ont tousiours estez de ladite province. Ceux de Lille, Tournay, Douay, Tourcoing, l'hospice de Rosenbois, la Paternité de Comines, et l'hospice de Pote qui ont cy deuant estez demembrez de ladite province de St-André, et erigez en custodies, sous le nom de St-Pierre d'Alcantara. Ceux d'Auesnes, du Quesnoy et de la Paternité de Bouchain qui estoient cy deuant de la Paternité d'Arthois. Ceux d'Ypres, d'Honscot et de Popringue, qui estoient de la

province de St-Joseph en la Flandre flamingante, l'hospice
des Clarisses de Lille, rue aux Malades, de la custodie de
St-Hubert, et le couuent de Barbanson de la province de
Flandres, ensemble tous les monastères des religieuses
dudit ordre compris dans le district des susdits couvents et
a la province de St-Antoine en Arthois, les couvents des
Recolletz d'Arras avec l'hospice qui est dans la citadelle,
les couuents de Bapaulme, de Lens, de Béthune, du Biez,
d'Esdin, et du Valentin, les hospices de Pernes, de la
Bassée, et de la citadelle de Dunkerque, qui sont desja de
ladite province de St-Antoine, les couuents de Cambray et
de chateau Cambresie, qui estoient cy deuant de la prouince de St-André, le grand couuent de Dunkerque et celuy
de Gravelines qui ont cy devant estez tirez de la prouince
de St-Joseph et affectez a la custodie de la Ste-Famille, les
couuents de St-Omer et de Renty de la prouince de Flandres, et celuy de Cassel, qui a tousiours esté de la prouince
de St-Joseph. Ensemble tous les monastères des religieuses
dudit ordre compris dans le district des susdits couuents
pour doresnavant les religieux et religieuses desdits couuents et monasteres estre censez et reputez desdites
prouinces de St-André et de St-Antoine, NOUS donc qui
sommes obligez par toutes sortes de lois a obeir aux
intentions de Sa Majesté, et a procurer par tout les moiens
possibles le repos et l'auancement spirituel de nos freres
pour satisfaire aux ordres susdits, NOUS auons recomandé
et recommandons aux RR. PP. prouinciaux des deux prouinces de St-André et de St-Antoine de prendre le soin et
la conduite des couuents, maisons et résidances, paterni-
tez, et monasteres des religieux et religieuses de nostre
ordre qui ont estez cy dessus attribuez a leurs prouinces
respectivement, et de leurs personnes, lesquelles de nostre parte, et en tant qu'il est en nous sous le bon plaisir
de Sa Sainteté et du roy tres chrestien, nous leurs attri-
buons auec la jurisdiction necessaire, par cette effet ;
scauoir est à *celle de St-André :* Les couuents de Douay,

Valenciennes, Tournay, Mormal, Esthere, Baüay, Lille, Tourcoin, l'hospice de Rosenbois, la Paternité de Comines l'hospice de pote, les couuents d'Auesnes et du Quesnoy, et la Paternité de Bouchain, les couuents d'Ypres, Honscot, de Popringue, l'hospice des Clarisses de Lille rue aux Malades et le couvent de Barbanson, ensemble tous les couuents des religieuses compris dans leurs district.—Et a *celle de St-Antoine,* le couuent d'Arras auec l'hospice de la citadelle, les couvents de Bapaulme, Lens, Bethune, Biez, Hesdin et Valentin, les hospices de Pernes, la Bassée, et la citadelle de Dunkerque, les couuents de Cambray, Chasteau Cambresie, Dunkerque, Gravelines, St-Omer, Renty et Cassel, avec tous les monasteres situez dans leurs district; commandant en vertu de Ste Obedivence auxdits religieux et religieuces desdits couvents, maisons et monastères presents et a venir de recognoitre respectueusement lesdits provinciaux, et d'obeir a leurs ordres selon nostre s^{te} regle, nos statuts generaux, et les constitutions desdites prouinces, sous les peines portees en icelle, et autres plus grandes si le cas y eschet, moienant quoy il iouiront de toutes les honneurs, et droits de preseance de subrogation et autres prerogatiues quelconques dont ils ont iouis dans leurs prouinces de Custodie, ou ils ont demeurez, come sils auroient acquy lesdites graces, honneurs, droits et prerogatiues, dans lesdites provinces ou ils passeront au mesme iour et moment, que nous les y auront aggregez nonobstant opposition ou appellation quelconque et sans auoir égard. Donné en nostre couuent des Recolletz de Lille ce dix-septiesme Febvrier mil six cent quatre vingts, sous nostre.... et le grand scau de nostre office. P. Germain Allart, commissaire gén^{al}, et plus bas de l'ordre de nostre reverendissime père commissaire gén^{al} P. Polycarpe, secrétaire gén^{al}.

P. Lamboli, vicaire prov^{al} des F. Recollets d'Artois.

Par ordre du R. P. vicaire prov^{al},
Jean-François Gonndt, secrétaire prov^{al}.

LE ROY s'estant fait lire de mot a mot le decret, dont coppie est cy dessus transcrite, en datte du 17me Febvrier dernier 1680 concernant la distribution qui a esté faite, en conséquence des ordres de Sa Majesté, par le frere Allart, comissaire génᵃˡ de l'ordre de St-François dans le royaume es deux prouinces de St-Antoine et St-André, de tous les couuents des Recolletz situez dans les villes et places de Flandres, Arthois, Haynau, Cambray, et autres villes et lieux des pays bas de l'obeiseance de Sa Majesté, et ayant ledit decret, et distribution desdits couuents es dites prouinces bien agreable, Sa Majesté la approuué et approuue par la presente signé de sa main, veut et entend pour cest effet, quil soit gardé, observé, et executé selon sa forme et teneur, sans quil y puisse estre contreuenu en aucune maniere par qui que ce soit, et pour quelque cause, et sous quelque pretexte que ce puisse estre, dont en cas d'opposition ou autre empeschement quelconque, elle s'est reservé la cognoissance. EN JOINT SA MAJESTÉ aux gouverneurs et les lieutenants generaux esdits pays de Flandres, Arthois, Haynau, de Cambresie, comme aussy aux intendants de la justice, police, et finances en....., de tenir la main chacun a son esgard a l'observation et execution exact du susdit decret. Fait a St-Germain en Laye le vingt sixiesme iour de mars mil six cent quatre vingts, signé LOUIS, et plus bas Le Tellier, avec le cachet du ROY.

Collationé.

Frere GERMAIN ALLART, commissaire génᵃˡ.

F....LAMBOLI, vicʳᵉ provᵃˡ

des F. Recolletz d'Artois.

Par ordre du R. P. vicaire provᵃˡ,

F. JEAN-FRANÇOIS GONNDT,

secrétaire provᵃˡ.

COPIE DE L'ARRÊT DE LOUIS XV QUI AUTORISE LA TRANSLATION
DES RÉCOLETS D'ECOUFFE EN LA VILLE DE CASSEL.

Extrait des registres du conseil du Roy.

SUR LA REQUÊTE PRÉSENTÉE AU ROY,

Etant en son conseil, par les magistrats de la ville et
chatelenie de Cassel en Flandres, contenant qu'ils sont
fondateurs de la maison qui etoit cy devant occupée par
les Jesuites etablis dans la ville de Cassel et qui est
devenue vaccante par l'execution de l'edit qui les a obligés
de sortir de cette ville, que cette maison se trouvoit dis-
posée pour recevoir quelqu'autre corps religieux en état
de rendre service a la ville, que cette sorte de remplace-
ment y etoit même devenue nécessaire, parceque la sortie
des Jesuites et la suppression du college reuni depuis
peù à celuy de Bailleul laissoient une grand vuide tant
pour les offices divins et secours spiritùels que pour
l'instruction des enfants, ce qui faisoit desirer a toute la
ville de retrouver une partie des memes secoùrs dans
quelque communeauté religieuse, qù'a peu de distance de
la ville, dans le bois d'Ecouffe, etoit un couvent de religieux Recolets ou freres mineùrs fondé par le magistrat
de Cassel qui dans les circonstantes presantes pourroient
êtres fort utiles dans cette ville soit pour les offices divins
ou autres fonctions de leur ministère, tandis qu'ils étoient
fort peu utiles au public dans ce lieu de retraite, que
c'étoit dans cette vüe que les supliants avoient passé avec
les dits religieux sous le bon plaisir de Sa Majesté, le
douze Septembre mil sept cent soixante-huit, un acte par
lequel, en leur cedant les batiments que les Jesuites occu-
poient dans la dite ville, les dits religieùx Recollets de
leur côté cedoient aux supliants ceux de leur maison du
bois d'Ecouffe et les terreins en dependants dont la dite
ville de Cassel pourroit tirer des grands avantages, que
ces religieux avoient consenti d'autant plus volontiers a

cet arrangement qu'il leur procure l'avantage de vivre dans
une ville ou ils penvent etre assurés de recevoir les secours temporels qui sont nécessaires a cet ordre, et que
de plùs ils ont l'esperance d'exercer leur zele et de se
rendre utiles a une ville qui acquiert chaque jour de nouveaux habitants et ùne nouvelle consideration, sur tout
depuis que, par ses travaux et les grandes roùtes qui en
sont le fruit, elle est devenüe une ville de passage pour
toute cette partie de la Flandre maritime, que les suppliants
ayant bien senti qu'une translation et un echange de cette
espece ne seroient point autorisés par Sa Majesté, sans
que l'eveque diocesain les eût approuvés, ils s'étoient
addressés au sieur Eveque d'Ypres en luy remettant un
memoir au bas duquel non seulement il avoit approuvé ce
projet, mais il avoit meme joint ses instances aupres de
Sa Majesté a celles des supliants pour son execution, que
cest dans des circonstances si favorables que les suppliants
osoient reclamer les bontés de Sa Majesté et la supplier
de vouloir bien autoriser les dites translation et echange,
le tout conformement a l'acte du douze Septembre mil
sept cent soixante-huit qui sera joint a la d' requete ainsy
que le memoire au pied duquel est l'approbation du dit
sieur Eveque d'Ypres, requeroient a ces causes les suppliants quil plùt a Sa Majesté approuver autoriser et con-
firmer l'acte passé le douze Septembre mil sept cent
soixante huit entre eux et les religieux Recolets etablis au
mont d'Ecouffe, ce faisant permettre aux dits religieux de
s'établir dans la maison anciennement occupée par les
Jesuites dans la ville de Cassel, pour y vivre suivant les
statuts de leur ordre et y remplir en outre les devoirs et
fonctions de leur ministere en conformité du reglement
qui sera arreté entre eux et les supliants ; autoriser
pareillement les suppliants a se mettre en possession des
terreins et batimens que les dits religieux Recolets
occuppoient au dit mont d'Ecouffe, et dispenser les
supliants et les dits religieux de tous droits d'amortisse-

ment, d'échange, d'indemnité où aùtres qui pourroient être dus à Sa Majesté se reservant au surplus le magistrat de Cassel de supplier par la suitte Sa Majesté de statuer ce qu'il appartiendra au sujet des terreins et batiments a eux cédés par les dits religieux, et ordonner que sur l'arret à intervenir toutes lettres necessaires seront expediées. — VU la dite requete signée Hordret avocat des suppliants et les pieces y enoncées et jointes *Le Roy étant en son conseil* a autorisé et approuvé, autorise et approuve le dit acte du douze Septembre mil sept cent soixante huit, en consequence a permis et permet auxdits religieux Recolets du mont d'Ecouffe de s'établir dans la maison que les Jésuites occuppoient dans la d⁰ ville de Cassel pour y vivre suivant les statuts de leur ordre et y remplir toutes les fonctions de leur ministére conformement au reglement qui sera fait a ce sujet pour etre executé aprés avoir eté prealablement approuvé par l'evêque diocesain. Permet pareillement Sa Majesté aux magistrats de ladite ville de se mettre en possession des terreins et batimens à eux cedés pour ledit acte du douze Septembre mil sept cent soixante-huit par lesdits religieux, et ce sans qu'il puisse être exigé des suppliants ny des dits religieux, pour l'execution du présent arret, aucun droit dont Sa Majesté les a dispensés se reservant au surplus de faire connoitre ses intentions par rapport à l'usage le plus utile qu'il sera possible de faire des dits terreins et batimens sur les mémoires qui luy seront presentés à ce sujet par les officiers municipaux de la d⁰ ville de Cassel, et seront sur le présent arret, toutes lettres nécessaires expédiées.

Fait au conseil d'Etat du Roy, Sa Majesté y etant, tenu à Versailles le neuf décembre mil sept cent soixante-neuf.

Signé le duc de CHOISEUL.

NOTES SUPPLÉMENTAIRES.

Wouwenberg. *Mont des vautours.* Le mont des Vautours (Mons Vulturum) est appelé ainsi parce que ces oiseaux *rapaces* voltigeaient souvent, autrefois, sur le sommet de cette montagne, où l'on pendait, à sa partie la plus élevée (là où fut plus tard le *calvaire*), les malfaiteurs condamnés au supplice. Leurs cadavres servaient de pâture à ces animaux que les émanations y attiraient de loin. Plus tard la montagne prit le nom de mont des Récollets, *Recollette-Bergh*.

Wouwenberg. (*Mont des Vautours ou d'Escouffe* signifiant la même chose), de *Wouw* pluriel *Wouwen*. (Kickendief). On a dit ensuite *Uwen-Bergh* par une modification dans les premières lettres du mot ancien, mais ce n'est pas, comme on l'a prétendu, parce que l'*Archiduc Albert* aurait dit à ces religieux : *Het is Uwen-Berg,* c'est *votre montagne* ou ce *mont est à vous,* car dans les lettres du comte Guy, du 14 Septembre 1495, on l'appelle Womberck. Gui donne à Jeannet, dit Cassiel, valet de ses palefrois, *la foresterie de Womberck* près Cassel, Dom Bouquet avance aussi que *Robert le Frison* avait, en 1071, une partie de son camp sur le Wouberg près Cassel. Ajoutons que nous ne savons sur quoi se fonde un auteur pour dire que *Wouw* était le nom d'un dieu scandinave et que les Druides lui offraient des sacrifices dans le bois de ce mont. Le défaut de renseignements nous a fait *répéter autrefois, à tort,* cette erreur.

FAIT GÉOLOGIQUE CONCERNANT LE MONT DES RÉCOLLETS.

Quoiqu'il serait déplacé de nous occuper ici de faits géologiques (dont les questions intéressant cette localité ont été développées dans nos précédents travaux (1) après des

---

(1) Voir notre *Topographie de Cassel et de ses environs,* et notre *Discours historique sur Cassel,* lu au congrès archéologique de France le 21 Août 1860, séance de Cassel.

études spéciales, ce que nous avons fait connaître du sol *mouvant, sablonneux et fort friable de cette montagne (espèce de terrain tertiaire supérieur, comme celui de Cassel)*, nous engage à y ajouter une remarque assez curieuse. Des géologues de Bruxelles virent avec surprise, il y a quelques années, au bas de ce mont à pente rapide (au nord-ouest, là où l'on creusait pour se procurer du sable), *une couche fort épaisse de terre ordinaire* qui était recouverte par beaucoup de *sable coquillier*, comme celui du reste de la montagne; ils ne surent s'expliquer ce fait, vraiment phénoménal, d'après les enseignements de la science, mais voici ce qui en donne la raison. — Plusieurs tremblements de terre, peu intenses du reste, eurent lieu dans cette contrée, et entr'autres époques, les plus rapprochées de nous, en 1756, le 18 Février, à 9 heures du matin, le 20 Janvier 1760, à 10 heures du soir, et en 1776, le 28 Mars, vers 8 heures du matin. (Les secousses de ce dernier tremblement du sol furent aussi ressenties à Bergues, à Dunkerque, à Calais et à Douvres, avec un bruit semblable à celui de chariots roulant au loin sur le pavé). En Mars 1776, après des pluies abondantes, une masse de *terre arable* descendit du sommet du mont cultivé, elle fut suivie par une couche épaisse de sable à coquilles qui lui était inférieure et qui vint se placer à son tour sur la terre éboulée en abondance; de là l'explication de cet état anormal du sol, à cet endroit. — Dans la même journée, les arbres et les haies descendirent de plus de 200 pieds de leur place habituelle. (Ephémérides manuscrites de M. le chanoine *Damman* de Cassel).

QUÊTES DES RÉCOLLETS.

Nous avons dit, à l'une des précédentes pages, que des quêtes étaient faites parfois, par un frère Récollet spécial du couvent, que l'on nommait *frère-quêteur, paeter* ou

Kette-broeder. Ces excursions, pour dons et aumônes, dans les environs de Cassel, et à des époques réglées, ne laissaient pas que de donner lieu souvent à d'abondantes moissons qui venaient en aide à la communauté : le surplus de leurs besoins était donné aux indigents de la localité.

La modestie et la charité des frères religieux n'ont pas empêché des critiques sur les quêtes ; aussi, ne pouvons-nous résister à la tentation de citer, en terminant cette petite notice, un passage assez burlesque sur ce sujet, tiré de l'auto-biographie (1) de l'ex-capucin P. F. D. *Vervisch,* qui a été quelque temps prêtre constitutionnel ou conventionnel à Hazebrouck. Nous donnons cette petite pièce originale comme simple curiosité, bien persuadé que personne n'en prendra le texte à la lettre ; du reste, l'auteur n'était l'ami ni des Capucins ni des Récollets : il avait jeté le froc.

Brocder kitteur of mon frère, heeft veele kanten afgeloopen....

Nu om appels, dan om raepen,
Nu om wolle, dan om schaepen,
Nu om boter, dan om hout,
Nu om spek, dan om smout,
Nu om boekwied, dan om pataters,
Nu om hespen (ammen) voor de paters,
Nu om kooren, dan om kaf,
Nu om graen, dan kermès-baf,
Nu om keirssen, licht en vier,
Nu om wasch, dans om bier,
Nu om brood voor den disch
Nu om vleesch, dan om visch.

...'T schynt dat hun Mantel-cap als onverzaedelyck is !

(1) In-8° imprimé à Maestricht. 1791. — Page 273.

Au dire de l'ex-capucin Vervisch, on pourrait croire que ces religieux étaient exigeants et insatiables ; mais ceux qui ont connu les Récollets de Cassel, savent combien ils mettaient de discrétion dans leur louable conduite

R. I. P.

OUVRAGES SUR CASSEL ET SES ENVIRONS,

PUBLIÉS PAR M LE Dr DE SMYTTERE.

———

TOPOGRAPHIE HISTORIQUE, PHYSIQUE, STATISTIQUE ET MÉDICALE DE LA VILLE ET DES ENVIRONS DE CASSEL, avec vues et cartes. — In-8º. Paris.

DISCOURS HISTORIQUE SUR CASSEL, lu au Congrès archéologique de France, session de Dunkerque. 1860, imprimé à Caen.

NOTICE HISTORIQUE SUR LES ARMOIRIES, SCELS ET BANNIÈRES DE CASSEL ET DE SA CHATELLENIE, DE SES SEIGNEURS ET DAMES, etc., avec 12 planches de figures héraldiques et cartes du pays. 1862, Lille.

———

Du même Auteur, pour être publiés prochainement :

RECHERCHES SUR LES SEIGNEURS ET DAMES DE CASSEL, avec leur historique depuis le 11me siècle, et leurs divers sceaux et blasons.

LES BATAILLES AU VAL DE CASSEL, et autres faits militaires de cette contrée flamande, ouvrage avec plans, etc.

———

Dunkerque. — Typ. Benj. Kien, rue Nationale 26.

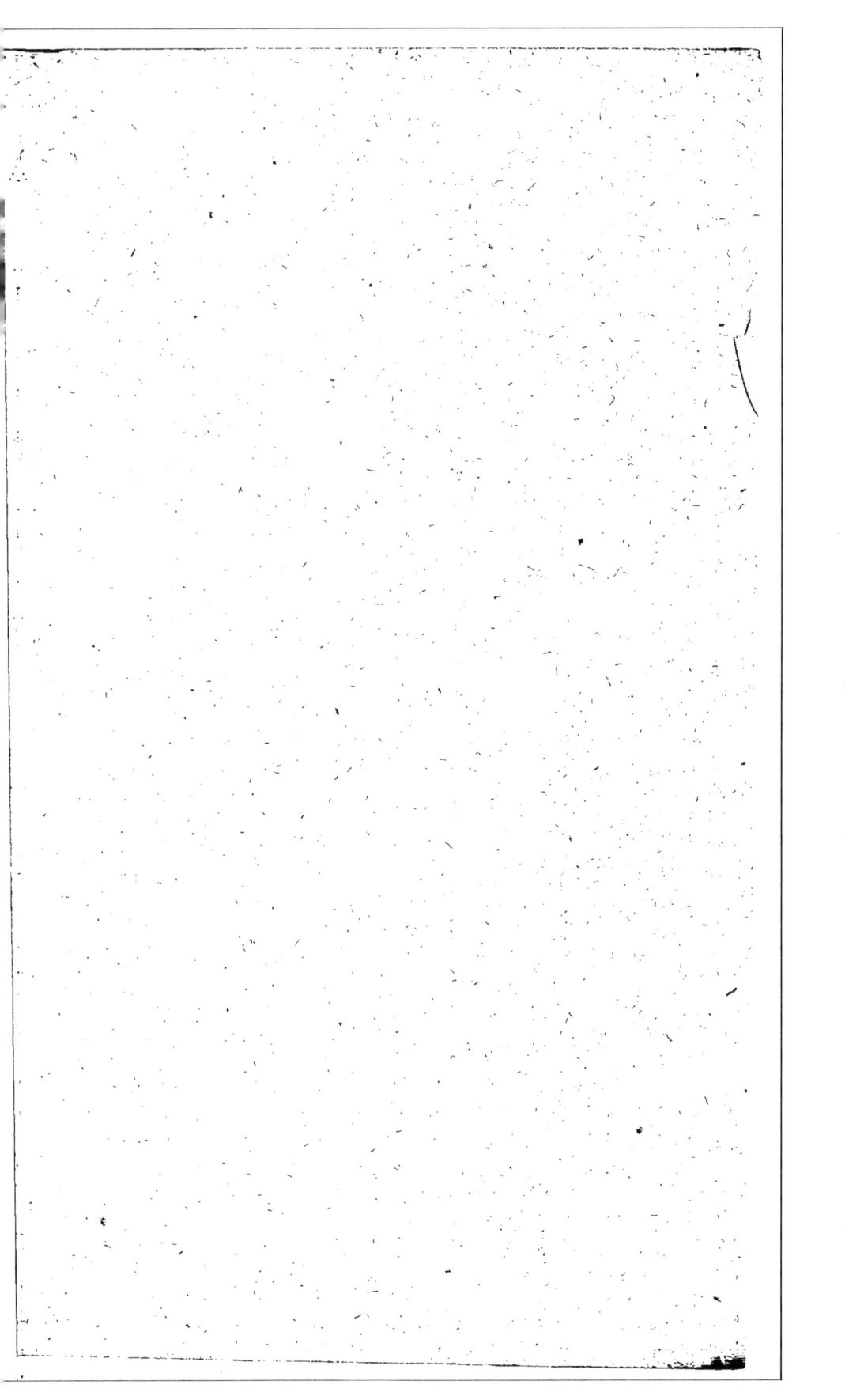

www.ingramcontent.com/pod-product-compliance
Lightning Source LLC
Chambersburg PA
CBHW060506210326
41520CB00015B/4113